Bodenkundliche Unters

C000103880

Chrystian Pawlak

Bodenkundliche Untersuchungen am renaturierten Läppkes Mühlenbach

Teil eines ökologischen Langzeit-Monitorings

Reihe Realwissenschaften

Imprint

Any brand names and product names mentioned in this book are subject to trademark, brand or patent protection and are trademarks or registered trademarks of their respective holders. The use of brand names, product names, common names, trade names, product descriptions etc. even without a particular marking in this work is in no way to be construed to mean that such names may be regarded as unrestricted in respect of trademark and brand protection legislation and could thus be used by anyone.

Cover image: www.ingimage.com

Publisher:
AV Akademikerverlag
is a trademark of
International Book Market Service Ltd., member of OmniScriptum Publishing Group
17 Meldrum Street, Beau Bassin 71504, Mauritius

Printed at: see last page
ISBN: 978-620-2-22337-9

Copyright © Chrystian Pawlak
Copyright © 2019 International Book Market Service Ltd., member of OmniScriptum Publishing Group

Inhaltsverzeichnis

1. Einleitung

Die Renaturierung von Fließgewässern ist ein aktueller und historisch gesehen relativ neuer Aspekt des Umweltschutzes. Aktuelle Bekanntheit insbesondere im Ruhrgebiet erlangte dieser Bereich durch das öffentlich sehr gut wahrgenommene Projekt der Emscher-Renaturierung, wodurch der ehemals übermäßig verschmutzte Abwasserfluss umfangreich saniert und das Abwasser unterirdisch umgeleitet wurde. Dabei wurde auch ein Meilenstein für das Aufwerten eines wichtigen Bestandteils der Kulturlandschaft Ruhrgebiet gelegt, welcher nun nicht mehr an die ehemaligen Verhältnisse aus der Industrialisierung im Ruhrgebiet erinnern sollte. Neben der eigentlichen Renaturierung ist besonders das begleitende Monitoring von großer Bedeutung. Der Läppkes Mühlenbach in einem ehemaligen Industriegebiet zwischen Oberhausen und Essen ist ein aktuelles Beispiel dafür. Dieser vergleichsweise kleine Bach befindet sich in einer Umbauphase und dessen Sohle und Aue sind bereits renaturiert worden, führt aber bislang noch kein Wasser und soll folglich in der ersten Jahreshälfte 2018 geflutet werden. Dennoch ist die Schaffung der Grundstruktur der Flussaue bereits abgeschlossen und Boden sowie Vegetation befinden sich in der Entwicklung. Wie sich Flora und Fauna im und am erneuerten Fließgewässer entwickeln und welche Arten sich im Zuge der Sukzession durchsetzen, wird sich im Laufe der Zeit zeigen. Dies hängt neben vieler anderer Faktoren auch mit der Beschaffenheit und Entwicklung des Bodens ab.

Die hier vorgelegte Arbeit hat die primäre Zielsetzung, einige wichtige Parameter des Bodens entlang zweier Transekte quer durch die Sohle des Läppkes Mühlenbachs zu untersuchen und mithilfe geeigneter Abbildungen sowie Übersichten zu veranschaulichen. Dabei wird ein Bezug zu anderen, im Ruhrgebiet typischen Böden mit Anteilen von technogenen Substraten hergestellt, um mögliche Gemeinsamkeiten und Unterschiede für diesen Standort herauszuarbeiten und naheliegende Prognosen zur Entwicklung des Bodens treffen zu können.

Dazu werden zunächst einige Grundlagen über die Renaturierung von Fließgewässern, im Hinblick auf das Fallbeispiel Emscher-Umbau, und über urbane Böden aus technogenen Substraten genannt, welche hier am Läppkes Mühlenbach teilweise vorzufinden sind. Danach wird das Untersuchungsgebiet genauer betrachtet, nämlich zunächst die Historie des Läppkes Mühlenbachs und anschließend die heutige Situation.

Im Anschluss daran werden die Arbeitsmethoden inklusive der Hilfsmittel vorgestellt, welche von der Probennahme bis hin zu den Laboranalysen im Rahmen dieser Arbeit zum Einsatz gekommen sind. Dann werden die Ergebnisse aus der Laboranalyse vorgestellt und im Gesamtkontext eingeordnet diskutiert. Als Letztes folgt ein Fazit, in dem das Wichtigste kurz zusammengefasst wird.

2. Grundlagen

Für die in dieser Arbeit vorgenommenen Untersuchungen ist es hilfreich, im Vorfeld einige Grundlagen zu veranschaulichen. Zum einen ist der Hauptgegenstand dieser Arbeit respektive des gesamten Projekts eine Renaturierung, weswegen zuerst einige allgemeine Fakten zur Renaturierung von Fließgewässern genannt werden. Das Wichtigste zum Thema Renaturierung von Fließgewässern wird danach in den Kontext des Projekts Emscher-Umbau gebracht, um den Rahmen rund um dieses Projekt zu vollenden. Da das Boden-Monitoring einen Teilbereich bildet, welcher im Rahmen der Entwicklungsmaßnahmen am Läppkes Mühlenbach Berücksichtigung erfährt, werden im Anschluss einige bodenkundliche Grundlagen zu den für diesen Standort typischen Bodensubstraten genannt.

2.1 Renaturierung von Fließgewässern

Bevor die für den Läppkes Mühlenbach relevante Renaturierung von Fließgewässern angesprochen wird, sollte darauf hingewiesen werden, dass sich Renaturierungsmaßnahmen keineswegs nur auf Flüsse und Bäche begrenzen, sondern auch stehende Gewässer wie Seen, Moore oder Ufer von Gewässern renaturiert bzw. restauriert werden können (ZERBE & WIEGLEB 2009). Die Renaturierung von Flüssen ist deshalb ein so bedeutendes und aktuelles Thema, weil der Mensch in der Vergangenheit Fließgewässer für seine Zwecke nutzte und infolgedessen diese teilweise sehr stark überprägte und verschmutzte. Über Jahrhunderte dienten Fließgewässer menschlichen Nutzungen wie der Wasser- und Energiegewinnung, Schifffahrt, der landwirtschaftlichen Nutzung oder Hochwasserschutz, wobei ökologische Aspekte der Gewässer stets zweitrangig waren. Die häufig unter Hochwasser stehenden und überfluteten Auen waren vom Aspekt der Bevölkerungsentwicklung her für die landwirtschaftliche Nutzung ungeeignet, sodass viele Gewässer schon früh begradigt und vertieft wurden, um mehr Land nutzbar zu machen. Besonders im Zuge der Industrialisierung vor etwa 150 Jahren begann man, gewerbliches wie häusliches Abwasser in größere Flüsse wie z.b. die Emscher zu leiten. Die Bevölkerungsdichte war im Ruhrgebiet bereits damals hoch, doch trugen die Stahlbetriebe, Eisen- und Zinkhütten sowie der Bergbau maßgeblich zur Verschmutzung der Gewässer bei. Die Folgen waren für den Menschen deutlich spürbar, denn bei Hochwasser standen viele bewohnte Gebiete unter Wasser, was aufgrund der Abwässer zu hygienischen Missständen führte. Seuchen wie Typhus und Cholera waren oft die Folgen. Später, vor allem in der Nachkriegszeit, wurden dann besonders auch die kleinen Fließgewässer umgestaltet, um als „Vorfluter" Abwasser abzuleiten (LÜDERITZ & JÜPNER 2009, OTTO 1996, EMSCHERGENOSSENSCHAFT 2013 u. 2015).

Dabei sind noch bis heute diverse Strukturschäden sowie Schadstoff- und Nährstoffeinträge deutlich sichtbar. Einerseits ist die Morphologie der Fließgewässer betroffen, wodurch ihnen jede natürliche Eigendynamik genommen wurde und das natürliche Retentionsvermögen stetig verkleinert wurde, da die Flussläufe eingedeicht und mit betonierten Gewässersohlen versehen worden sind. So beschreiben LÜDERITZ & JÜPNER (2009), dass „beispielsweise an der Elbe heute nur noch etwa 15% der ursprünglichen natürlichen Retentionsräume zur Verfügung" stehen würden. Zum anderen führten die oben erwähnten Einträge von Schad- und Nährstoffen zu starken biologischen und chemischen Veränderungen, was sich nicht zuletzt auf Flora und Fauna im und am Gewässer negativ auswirkte. Auch war der Mensch dadurch direkt betroffen, da die Gewässer für die Entnahme von Trinkwasser, Fischerei oder zur Erholung schlichtweg ungeeignet waren (LÜDERITZ & JÜPNER 2009, EMSCHERGENOSSENSCHAFT 2013 & 2015).

Die ökologischen Missstände, wirtschaftliche Aspekte sowie ein stetig größer gewordenes Umweltbewusstsein der Gesellschaft führten schließlich dazu, dass Projekte zur Renaturierung von Fließgewässern geplant und nach und nach in die Tat umgesetzt wurden. Außerdem setzte eine veränderte Unterhaltung der Gewässer ein, wodurch nicht nur modernere Techniken in der (Ab-)Wasserwirtschaft zur Tagesordnung gehören sollten, sondern eben auch naturnahe Wasserbaumethoden und mehr Eigendynamik der Fließgewässer durchgesetzt bzw. zugelassen werden sollten. Dabei steht bei Fließgewässern nicht mehr nur die bloße Nutzbarkeit durch den Menschen im

Vordergrund, sondern die Funktion als Lebensraum für Tiere und Pflanzen sowie als Bestandteil der Landschaft für Erholung und Tourismus (LÜDERITZ & JÜPNER 2009). Wie im Falle des in dieser Arbeit später genauer beschriebenen Emscher-Umbaus wurde das verschmutzte Wasser der offenen, ehemaligen Abwasserkanäle (Vorfluter) mit der Zeit in unterirdische Kanäle umgeleitet, sodass der Startschuss für eine Restaurierung fiel und die oberirdischen Gewässer wieder in einen besseren, naturnäheren Zustand gebracht werden konnten. Zusätzlich hat der ungefähr seit den 1980er Jahren angetriebene Ausbau von Klärwerken bedeutend zur Verbesserung der Abwassersituation beigetragen (EMSCHERGENOSSENSCHAFT 2015, TENT 2000).

Nicht nur große Flüsse waren oder sind heute noch von Problemen betroffen, sondern häufig auch Oberläufe von Gewässern und kleine Bäche. Die in der näheren Vergangenheit stärker in den Fokus gerückten größeren Gewässer sind zwar verstärkt Renaturierungsmaßnahmen unterzogen worden, jedoch waren dabei oft die kleinen und dennoch bedeutenden Bäche vernachlässigt worden. Wie TENT (2000) für das Gewässersystem in Niedersachsen feststellte, sind es gerade die zahlreichen und landschaftsprägenden Gewässer III. Ordnung, welche noch in der jüngeren Vergangenheit missachtet und ihren anthropogen überprägten Zuständen überlassen wurden. Dabei sorgten Belastungen mit Schadstoffen und Säuren sowie strukturelle Probleme dafür, dass die Gewässer nicht in einem naturnahen Zustand waren und viele bedrohte Arten beinhalteten. Es wurde auch festgestellt, dass natürliche Elemente wie Totholz, Kies oder die strukturelle Vielfalt innerhalb eines Flusses fehlten, obwohl diese immens wichtig fürs intakte, naturnahe Ökosystem Fließgewässer seien.

Als allgemeines Ziel gilt die Formulierung einer „Gewässermindestqualität ‚mäßig belastet‘", was der Gewässergüteklasse II entspricht (TENT 2000). Dabei wurde im Beispiel der Fließgewässer des Hamburger Bezirks Wandsbek festgestellt, dass von 1977 bis 1996 die Qualität des Wassers sich deutlich verbesserte. Die schlechtesten Güteklassen verschwanden ganz, die Güteklasse III verringerte sich auf einen geringen Anteil und Gewässer der Klasse II stiegen auf einen beträchtlichen Anteil (TENT 2000). Dies dürfte exemplarisch für die qualitativen Verbesserungen zahlreicher Fließgewässer in Deutschland, besonders im Ruhrgebiet, stehen.

Welche Renaturierungsziele dabei genau verfolgt werden, wird im Folgenden erläutert. Wie oben bereits erwähnt, gilt es nicht nur, Fließgewässer zu restaurieren, sondern sie zusätzlich in einen naturnahen Zustand zurückzubringen, um eine natürliche

Eigendynamik zu fördern bzw. überhaupt erst zu ermöglichen. Dabei beinhalten die Ziele die Wiederherstellung bzw. Verbesserung folgender Gewässerfunktionen: Natürliche Hochwasserretention, Niedrigwasserhaltung, morphologische Strukturregeneration und Feststoffrückhaltung, Biotopbildung und –vernetzung, Bildung und fortlaufende Regeneration der naturraumtypischen Biotop- und Artenspektren von Gewässer und Aue sowie die dynamische Stabilisierung des Gewässer- und Auenökosystems (LÜDERITZ 2009, nach OTTO 1996). Wie die Zustände der Gewässer beurteil werden sollen, sagen die sog. Referenzzustände aus, welche als Beurteilungsbasis dienen. Dabei wird anhand einer fünfstufigen Skala (von „sehr gut" bis „schlecht") bewertet und reale, sehr naturnahe Gewässer, historische Daten sowie theoretische Überlegungen dienen je nach Gewässertyp dabei als Maßstab (LÜDERITZ & JÜPNER 2009). POTTGIEßER & SOMMERHÄUSER (2004) legen dabei die Referenzzustände für mitteleuropäische Fließgewässer nach verschiedenen Gesichtspunkten fest. Es wird auf Morphologie und Habitate, die Auenvegetation, Hydrologie und Regulation, physikochemische Bedingungen sowie die biologischen Bedingungen eingegangen. Als Beispiel kann dabei genannt werden, dass keine Versalzung oder Beeinflussung durch toxische Stoffe erfolgen darf (physikochemische Bedingungen) oder die natürliche Auenvegetation laterale Verbindungen in die Aue ermöglichen muss (Auenvegetation).

Die wichtige Rolle der Fließgewässer und deren Verschmutzung und Übernutzung haben nicht nur Resonanz im gesellschaftlichen Bewusstsein gefunden, sondern sind zudem im Wasserhaushaltgesetz (WHG 2002) sowie in den Wassergesetzen der einzelnen Bundesländer enthalten. Zudem verpflichtet die Europäische Wasserrahmenrichtlinie (EG-WRRL) die Mitgliedsstaaten der EU dazu, Gewässer zu erfassen und zu beschreiben, sondern auch zur Erfüllung von bestimmten Umweltzielen, wozu nicht zuletzt die Verbesserung der ökologischen Zustände von Fließgewässern gehört (LÜDERITZ & JÜPNER 2009).

2.2 Der Emscher-Umbau

Die bereits genannten Grundlagen zur Renaturierung von Fließgewässern sollen nun anhand des Beispiels Emscher-Umbau konkretisiert werden. Dabei wurde die Emscher aus mehreren Gründen als Musterbeispiel ausgewählt. Zum einen mündet der in dieser Arbeit genau betrachtete Läppkes Mühlenbach in die Emscher und ist damit direkt mit dem Emschersystem verbunden. Zum anderen ist die Emscher ein zentral im Ruhrgebiet gelegener Fluss, welcher einen starken Wandel durchlebt hat und dessen Umbau zu einem in Europa einmaligen Projekt gehört, welches nicht umsonst als „Jahrhunderprojekt Emscher-Umbau" und „Generationenprojekt" betitelt wird.

Die Emscher ist ein Fluss mit geringem Gefälle und relativ geringer Wasserführung. Sie entspringt einer Quelle in Holzwickede, östlich von Dortmund und mündet bei Dinslaken in den Rhein. Die Länge des Flusses beträgt etwa 80 km und es wird ein Einzugsgebiet von 865 km² Fläche entwässert (EMSCHERGENOSSENSCHAFT 2014).

Wie oben bereits erwähnt, setzte die Industrialisierung in der Mitte des 19. Jahrhunderts im Ruhrgebiet ein und sorgte maßgeblich dafür, dass die Bevölkerung im urbanen Raum schnell und stark anstieg. Neben dem Nutzungsdruck der Bevölkerung beeinflusste die Industrie mitsamt dem Bergbau die Gewässergüte der Emscher und ihrer Nebenläufe, da Abwässer eingeleitet wurden. Neben den oben erwähnten Hochwasserständen sorgten auch Bergsenkungen dafür, dass das Wasser häufig schlecht abfloss und besiedelte Gebiete gelegentlich unter Wasser standen, was letztlich zu hygienischen Missständen und Seuchen führte (EMSCHERGENOSSENSCHAFT 2013, 2015). Um dem entgegenzuwirken, wurde 1899 die Emschergenossenschaft als erster deutscher Wasserwirtschaftsverband gegründet. Zu den Gründern gehörten neben den anliegenden Städten und Kreisen auch Bergbau und Industrie. Infolgedessen entstand ein Netz aus offenen, technisch ausgebauten und eingedeichten Abwasserkanälen, welche das Schmutzwasser sicher abfließen lassen sollten und dies auch taten, denn neben der Abwasserbeseitigung und –reinigung waren auch Hochwasserschutz und Entwässerung immens wichtig (EMSCHERGENOSSENSCHAFT 2013, 2014). Da der Zustand des Emscherwassers damit immer noch schlecht war und durch die Mündung der Emscher in den Rhein letzterer verschmutzt wurde, entstand 1974 bei Dinslaken eine Kläranlage. Neben den ersten Erfolgen im Rahmen der Sanierung setzte im Jahr 1990 ein staatliches Projekt zur Überwachung und Dokumentation von Veränderungen der Gewässerqualität ein, welches sich Emscher-Projekt zur langzeit-Untersuchung des Sanierungserfolges, kurz Emscher-PLUS, nennt. Federführend war hierbei das staatliche Umweltamt Herten. Bereits im Zeitraum von 1991 bis 1994 waren Erfolge in verschiedenen Aspekten zu sehen, so wurde beispielsweise ein vorhandenes, breites Artenspektrum nachgewiesen und durch künftige Renaturierungsmaßnahmen sich stabilisierende aquatische Lebensräume in Aussicht gestellt (LUA 2000).

Nach langer Zeit wurde im Jahre 1992 letztendlich der Emscher-Umbau beschlossen und seitdem sind zahlreiche Gewässerabschnitte erneuert und aufgewertet und viele technischen Anlagen gebaut, erneuert oder ergänzt worden, z.B. Kläranlagen in Dortmund-Nord oder Bottrop. Untersuchungen belegten, dass durch die Kläranlage Dortmund-Nord überwiegend sehr große Anteile verschiedener Schadstoffe aus dem Wasser entfernt werden konnten (EMSCHERGENOSSENSCHAFT 2013, 2015, LUA 2000).

Im Jahr 2009 begannen die Arbeiten am unterirdischen Abwasserkanal Emscher, der von Dortmund-Deusen bis nach Dinslaken über eine Strecke von 51 km verlaufen und damit fast die gesamte Länge vom Ursprung bis zur Mündung des nun zunehmend vom Abwasser entlasteten oberirdischen Flusses einnehmen soll. Der Bau der unterirdischen Kanäle ließ so lange auf sich warten, da die dem Bergbau geschuldeten Bergsenkungen nun abgeklungen waren und das Vorhaben überhaupt erst ermöglichen konnten, was zu den Gründerzeiten der Emschergenossenschaft nicht gegeben war. Um dem Gefälle vom Anfang bis zum Ende des Kanals entgegenzuwirken, wurden drei große Pumpwerke gebaut, welche sich in Bottrop, Gelsenkirchen und Oberhausen befinden (EMSCHERGENOSSENSCHAFT 2015).

Das Projekt soll dabei eine Laufzeit von mehreren Jahrzehnten haben und wird deshalb auch „Generationenprojekt" genannt. Es wird ein Investitionsvolumen von rund 4,5 Mrd. Euro angegeben, sodass es finanziell und auch vom technischen Aufwand her als „eines der größten Infrastrukturprojekte Europas" gilt. Die Europäische Union gehört zu den wichtigsten finanziellen Unterstützern und fördert das Jahrhundertprojekt (EMSCHERGENOSSENSCHAFT 2013).

In den Abb. 1 und 2 sind zum Vergleich zwei unterschiedliche Abschnitte der Emscher abgebildet.

Abb. 1: Begradigte und Abwasser führende Emscher in GE-Horst (Landesumweltamt NRW 2000)

Abb. 2: Naturnaher Emscherabschnitt in DO-Hörde (Emschergenossenschaft 2015)

Es wurde das Ziel gesetzt, bis zum Jahre 2020 ca. 340 km Gewässerabschnitte ökologisch aufzuwerten und zu renaturieren, wovon bis 2015 bereits ca. 125 km umgestaltet waren. Weiterhin sollen im Emschergebiet ca. 400 km Abwasserkanäle gebaut werden. Davon ist mit etwa 328 km Länge im Jahre 2016 ein großer Teil bereits fertig gestellt. Zudem wurde geplant, dass neben den fast 117 km Deichen auch weiterhin Auen und Rückhaltebecken „für zusätzliche Hochwassersicherheit" angelegt werden sollen (EMSCHERGENOSSENSCHAFT 2013, 2014). Dabei wird auf die durch alte Umbaumaßnahmen zahlreichen, bis heute verlorengegangenen natürlichen Retentionsräume von Flussauen eingegangen, welche nicht nur zum Schutze vor Hochwasser, sondern auch für die Grundwasserbildung wichtig sind (vgl. TENT 2000). Dass der Umbau der Emscher auch dem landschaftsprägenden Charakter und der „Erlebbarkeit" eines wichtigen Fließgewässers dienen soll, zeigt auch der im Rahmen der Emschergenossenschaft beschlossene Ausbau von Rad-, Fußgänger- und Wanderwegen sowie Emschertreffpunkten in der Länge von etwa 170 km. Daneben vermitteln zahlreiche Freizeitanlagen entlang des Emscher-Weges den Wandel von einem ehemaligen zweckdienlichen Schmutzwasserkanal zu einem Symbol für Kulturgeschichte und Naturnähe (EMSCHERGENOSSENSCHAFT 2013). Auch die Kommunen und Städte, welche von der Renaturierung der jeweiligen Abschnitte der Emscher inklusive Nebenflüsse betroffen sind, sollen von der Aufwertung und anderen geplanten Projekten profitieren, indem beispielsweise Brachflächen entlang der Gewässerabschnitte neuen Nutzungen zugeführt oder die ökologische Situation in betroffenen Stadtvierteln verbessert werden sollen (EMSCHERGENOSSENSCHAFT 2013, 2015).

2.3 Bodenkundliche Grundlagen – wichtige Parameter

Zum besseren Verständnis der in den späteren Kapiteln dieser Arbeit untersuchten und diskutierten Bodenparameter sollen die wichtigsten hier kurz vorgestellt werden. Zusätzlich wird kurz erläutert, wie sich diese berechnen lassen.

Der **pH-Wert** ist eine wichtige und mit am häufigsten verfügbare Kenngröße von Böden und beruht auf den von Säuren dissoziierten H+-Ionen, welche in der Bodenlösung als H_3O+ (Hydronium-Ionen) auftreten. Dieser besitzt in deutschen Wald- und Ackerböden zwei Maxima, nämlich zwischen 3,6 und 4,6 sowie zwischen 6 und 7, doch sind die pH-Werte vieler natürlicher Böden auch in Bereichen dazwischen und außerhalb (SCHEFFER & SCHACHTSCHABEL 2002: 123f.). Der Wert berechnet sich wie folgt: pH = - lg (H+) * g/l, wobei die Menge an H+-Ionen in g pro l Bodenlösung gemeint ist (uni-muenster.de).

Als **Kationenaustauschkapazität (KAK)** wird die Summe der austauschbaren Kationen im Kationenbelag des Bodens bezeichnet. Im pH-Bereich von 7 – 7,5 entspricht die KAK der potenziellen KAK (KAK_{pot}), bei anderen pH-Werten ist jedoch die effektive KAK (KAK_{eff}) wirksam, sodass sie sich stets auf den pH-Wert bezieht (SCHEFFER & SCHACHTSCHABEL 2002: 110).

Die **elektrische Leitfähigkeit (EC)** wird häufig als Maß zur Bestimmung des Salzgehaltes im Boden genutzt. Hier wird als Einheit µS/cm verwendet, in der Literatur häufig auch mS/cm oder dS/m. Zu hohe Werte und damit zu hohe Salzgehalte im Boden können zu Veränderungen des Bodengefüges führen und einen limitierenden Faktor für pflanzlichen Bewuchs und deren Produktivität darstellen (SCHEFFER & SCHACHTSCHABEL 2002: 461f.). Unter der **Körnung** wird der Anteil bestimmter Korngrößen der Bestandteile im Boden verstanden. Es wird unterschieden zwischen dem Skelett oder Grobboden (> 2 mm), zu welchem Blöcke, Steine und Kies gehören, und dem Feinboden (< 2 mm), welcher sich aus Sand, Schluff sowie Ton zusammensetzt. Getrennt werden die Korngrößen nach Äquivalenzdurchmessern (SCHEFFER & SCHACHTSCHABEL 2002: 156f.).

Die im Boden vorkommenden Elemente **C** und **N** spielen eine essenzielle Rolle für die Fruchtbarkeit von Böden, da sie wichtige Bausteine aller Lebewesen sind und z.B. auch bedeutend für den Aufbau von Humus sind. Dabei wird zwischen organischem C_{org} (beispielsweise im Humus oder in Steinkohle) und anorganischem C (z.B. in Form von

Kalk) unterschieden. Für die Bioverfügbarkeit sind u.a. die Art des Kohlenstoffs und das C/N-Verhältnis von entscheidender Bedeutung (SCHEFFER & SCHACHTSCHABEL 2002).

2.4 Urbane Böden

In diesem Unterkapitel sollen einige Grundlagen zu urbanen Böden bzw. Stadtböden betrachtet werden. Hier wird das Hauptaugenmerk auf den Eigenschaften von Böden bestehend aus technogenen und gemischten, umgelagerten Substraten liegen, da diese bei der Betrachtung des Untersuchungsgebietes eine sehr wichtige Rolle spielen. Im Zusammenhang mit dem Thema dieser Arbeit wird dabei ein Bezug zu Fließgewässern hergestellt, um letztlich auf die Frage zurückzukommen, was die Eigenschaften des Bodens und das damit zusammenhängende ökologische Monitoring mit der Renaturierung von Fließgewässern zu tun haben.

Stadtböden sind sehr vielfältig und komplex. Dies zeigt sich allein an der Tatsache, dass bis heute noch keine allgemein anerkannte Systematik über Stadtböden existiert, da es je nach Autor sehr viele verschiedene Bezeichnungen für urbane Bodentypen gibt. Sie können dabei, ähnlich wie natürliche Bodentypen, nach Bodenbildungsprozessen oder Bodenmerkmalen unterschieden werden, aber z.b. auch „nach Nutzungs- und Funktionsgesichtspunkten" (REINIRKENS 1991). Bei urbanen Böden gibt es signifikante Unterschiede zu natürlichen oder naturnahen Böden, wie sie beispielsweise in ländlichen Gebieten oder auf landwirtschaftlichen Flächen vorkommen. Kennzeichnend sind hier anthropogene Veränderungen, wie vor allem der hohe Grad an Bodenversiegelung, Verdichtung, Aufhaldung, Abgrabung und nicht zuletzt auch relativ hohe Einträge verschiedener Nähr- und Schadstoffe (GEOLOGISCHER DIENST 2011). Wie unten anhand von Beispielen gezeigt wird, sind vielfältige und gleichzeitig engräumig wechselnde Nutzungen des Bodens in dicht besiedelten, städtischen Räumen typisch und damit auch die Unterschiede der Böden selbst entsprechend sehr groß. Dadurch und aufgrund der Tatsache, dass Stadtböden häufig nicht klar definiert sind, finden „innerhalb geschlossener Siedlungsgebiete" keine regelmäßigen Bodenkartierungen statt. Die Böden werden stattdessen meist eher individuell und projektbezogen kartiert, wenn Bedarf besteht (GEOLOGISCHER DIENST 2011, REINIRKENS 1991).

Dennoch gibt es bei Stadtböden typische, sich oft wiederholende Charakteristika, was anhand von zahlreichen Untersuchungen nicht nur im Ruhrgebiet, sondern u.a. auch in

Berlin und Saarbrücken nachgewiesen werden konnte (vgl. HELMES 2000, MEKIFFER 2008). Da viele Böden in Städten **versiegelt** sind und dadurch der Oberflächenabfluss besonders hoch und die Infiltration niedrig sind, neigen sie dazu, allgemein trockener zu sein. Dies führt u.a. auch zur Absenkung des Grundwasserspiegels (BURGHARDT 1994, KASIELKE & BUCH 2011). Eine weitere Eigenschaft sehr vieler Stadtböden ist **Verdichtung**. Diese kommt zustande, wenn unversiegelte Flächen von Fahrzeugen befahren oder von Menschen betreten werden. Auch Baumaßnahmen sorgen dafür, dass die darunter liegenden Böden verdichtet werden. Durch Baumaßnahmen werden Böden außerdem umgelagert, vermengt, überdeckt und somit eine Bodenentwicklung gestört (GEOLOGISCHER DIENST 2011).

Die oben angesprochenen Einträge von **Nähr- und Schadstoffen** haben beispielsweise im Ruhrgebiet teilweise eine relativ lange Geschichte. Während rezente Einträge von Abfällen, Fäkalien, Abwässern und Stäuben zu Eutrophierung führen und beispielsweise die Gehalte von Stickstoff oder Phosphor im Boden stark erhöhen, können in manchen Böden enthaltene Schadstoffe bereits vor langer Zeit emittiert worden sein. So enthielten bereits im Mittelalter viele mitteleuropäische Böden Schadstoffe (WITTIG 2002, HENNINGER 2011). Es bestehen des Weiteren klare Bezüge von Anreicherungen toxischer Stoffe wie Blei, Arsen oder Cadmium, kohlenstoffhaltiger Substrate und anderer Schwermetalle zur Aktivität der Industrie, wie sie in Mitteleuropa seit der Industriellen Revolution weit verbreitet war. Auch heute finden Einträge von Schadstoffen z.B. durch Industrie, Gewerbe, Verkehr und Hausbrände statt. Die Gehalte von bestimmten Stoffen im Boden sind neben großräumigen Verbreitungsmustern auch teilweise auf lokale Verbreitungen beschränkt und hängen dabei von der Nutzung der Flächen in der Vergangenheit ab (BURGHARDT 1994, KASIELKE & BUCH 2011). Im Allgemeinen sind die **pH-Werte** von Stadtböden erhöht. Dies kommt vor allem durch Reste von Zement und Mörtel, welche im Laufe der Zeit in den Boden eingemengt wurden. Auch der Eintrag von Stäuben, der Gebrauch von Düngemitteln in Gärten oder Streusalz tragen dazu bei (GILBERT 1994, HELMES 2000). Außerdem wird in Stadtböden häufig ein höherer **Skelett- und Sandgehalt** als in natürlichen Böden festgestellt. Während die im Ruhrgebiet vorkommenden Böden überwiegend aus schluffigem Löss bestehen, enthalten die hiesigen Stadtböden meist größere Anteile von Bauschutt, Straßenbau- und anderen technogenen Substraten mit relativ hohen Gehalten an Grobboden (BURGHARDT 1994).

13

Im Folgenden werden einige typische Böden des Ruhrgebiets genauer beschrieben, im Hinblick auf das Untersuchungsgebiet besonders diejenigen aus technogenen Substraten (inklusive Bergematerial) bestehend. Es gibt in dicht besiedelten Räumen, wie oben bereits erwähnt, eine Vielzahl von verschiedenen Böden und Substraten. Neben versiegelten Böden gibt es beispielsweise jene, welche aus umgelagerten natürlichen Substraten mit technogenen Beimengungen bestehen. Daneben gibt es Böden, welche für gärtnerische Zwecke genutzt werden oder Friedhofs- und Parkböden mit geringeren technogenen Beimengungen, welche dennoch starken menschlichen Einflüssen wie z.B. Umlagerung oder Zusätzen von Dünger oder Kompost unterliegen. Andere wiederum enthalten viele technogene Substrate oder bestehen vollständig aus diesen, beispielsweise Halden aus anthropogen abgelagertem Material (KASIELKE & BUCH 2011). Zu den im Kontext dieser Arbeit interessanteren Böden gehören Böden auf **Bergematerial**, welche im Ruhrgebiet vergleichsweise häufig sind und deren Substrate aus dem Steinkohlebergbau stammen. Diese Art von Böden neigt zu sehr niedrigen pH-Werten, da im Bergematerial Eisensulfid (Pyrit) enthalten ist, welches durch Verwitterung Schwefelsäure freisetzt. Dies führt dazu, dass der pH-Wert vom anfänglich schwach alkalischen Bereich in saure Bereiche von teilweise unter 3 absinkt (MEUSER et al. 1998). Trotz des Anstiegs des pH-Wertes nach wenigen Jahren sind Böden auf Bergematerial typischerweise sauer und dies führt u.a. zu hoher Mobilität toxischer Substanzen und veränderter Verfügbarkeit pflanzlicher Nährstoffe, was sich direkt auf das Pflanzenwachstum und auf die biologische Aktivität auswirkt. Bergematerial zeichnet sich zudem durch seine grobporige Struktur aus und führt zu einer geringen Wasserspeicherkapazität und damit zu Trockenheit. Außerdem kann sich der dunkle Boden besonders bei spärlicher oder fehlender Vegetation stark aufheizen. Diese Faktoren machen Böden auf Bergematerial für Pflanzen zu vergleichsweise extremen Standorten (KASIELKE & BUCH 2011, SCHEFFER & SCHACHTSCHABEL 2002).

Eine nicht nur im Ruhrgebiet anzutreffende Art von Böden auf aufgeschütteten Substraten stellen Böden auf **Gleisschottern** dar. Von den zahlreichen Flächen, auf denen Gleise angelegt sind, liegen im Ruhrgebiet viele brach. Meist werden gebrochene magmatische Gesteine als Gleisschotter verwendet, manchmal auch Kalksteine oder technogenes Substrat wie z.B. Eisenhüttenschlacken. Solche Substrate füllen auch Zwischenbereiche der Gleisanlagen. In den Poren des Schotters wurde häufig auch Material, vor allem aus abgesetzten Aschen, nachgewiesen. Diese Aschen stammten nach

14

BLUME (1992) und HILLER (2000) von ehemaligen, „kohleverbrennenden Dampflokomotiven" und kommen bei älteren Gleisaufschüttungen von der Zeit bis zum Jahr 1975 vor. Die alkalische Asche trägt dazu bei, dass der mit einem Regosol vergleichbaren Schotterboden nicht in saure Bereiche gelangt. Dennoch sind auch diese Böden relativ extrem im Hinblick auf potentiellen Bewuchs, da aufgrund des geringen Gehalts an Feinboden die Wasserhaltekapazität und auch der Nährstoffgehalt sehr gering sind (KASIELKE & JAGEL 2009).

Zu den typischen technogenen Substraten in urbanen Böden gehört **Bauschutt**. Dieser stammt im Ruhrgebiet überwiegend aus Trümmern, welche im Laufe des 2. Weltkrieges anfielen. Bauschutt enthält kalkreichen Mörtel und führt somit zu neutralen bis basischen pH-Werten im Boden. Im Allgemein wirken sich die Beimengungen meistens nicht schädlich auf die biologische Aktivität im Boden aus, sondern erhöhen den pH-Wert und schränken die Mobilität von Schadstoffen ein, solange der pH-Wert nicht in den sauren Bereich absinkt (SCHEFFER & SCHACHTSCHABEL 2002). Dennoch enthält Bauschutt häufig Schwermetalle und je nach Ausgangsmaterial und weiterer eingebundener, technogener Substrate auch problematischere Schadstoffe wie z.B. PAKs aus teerasphalthaltigem Straßenaufbruch oder in Trümmerschutt. Außerdem können u.a. auch Blei, Cadmium, Zink oder Benzo(a)pyren enthalten sein. Durch den hohen Gehalt an porösen Ziegelbruchstücken und Mörtel, welche häufig in Bauschutt enthalten sind, kann Wasser gut gebunden, aber aufgrund der Härte kaum durchwurzelt und daher kaum genutzt werden. So werden diese Böden als eher trocken eingestuft (MEUSER 1996, MEKIFFER 2004).

Flugaschen sind im Gegensatz zu den meisten anderen technogenen Substraten eher fein von der Textur her und bilden schluffig-feinsandige, nährstoffreiche, schwach kalkhaltige und lockere Böden mit einer hohen nutzbaren Feldkapazität. Da sie mit Schwermetallen belastet sind, eignen sie sich aber nur bedingt zur menschlichen Nutzung (BLUME 1998).

Schlacke ist ein weiteres technogenes Substrat aus der Industrie. Dieses stammt aus der Produktion von Eisen und Stahl und kommt daher oft in der Nähe von Eisenhütten vor. Hier wird zwischen Hochofen- und Stahlwerksschlacke unterschieden, wobei diese sich noch weiter unterteilen lassen, z.B. in Hüttensand oder -bims (HILLER & MEUSER 1998: 26f.). Schlacken können sich bezüglich der Farbe, Struktur und Gehalte an Schwermetallen stark voneinander unterscheiden. So enthält Stahlwerksschlacke deutlich mehr Schwermetalle wie Kupfer, Nickel, Blei, Zink oder Chrom als natürliche Böden, was bei der Hochofenschlacke anders ist (MEUSER 1996). Letztere kann für stark alkalische Bodenreaktionen sorgen und den Standort einmal mehr zu extremen, in Mitteleuropa undenkbaren Bedingungen führen. Auch, wenn solche Böden im humiden Klima Mitteleuropas mit der Zeit versauern, gehören Schlackenböden zu sehr lebensfeindlichen Standorten (SCHEFFER & SCHACHTSCHABEL 2002, BLUME 1998).

Neben den bis hierhin genannten Böden aus überwiegend reinen Substraten sind im Ruhrgebiet auch Mischformen verbreitet. Bei den Böden auf Industrie- und Gewerbegebieten sind oft hohe Verdichtungen und Anteile von Bauschutt, Schlacke und Asche festzustellen, wobei die Anteile der Substrate und Schadstoffgehalte sich kleinräumig voneinander unterscheiden können und die Art der Schadstoffe von Betrieb und Art der Produktion abhängig sind. So werden insbesondere hohe Gehalte von Schwermetallen in der Nähe von Eisen- und Zinkhütten oder versauernde Eisenoxide, -cyanide oder Metallsulfide an ehemaligen Standorten der Gasgewinnung aus Steinkohle nachgewiesen (REBELE & DETTMAR 1996, KASIELKE & BUCH 2011).

3. Läppkes Mühlenbach und das Untersuchungsgebiet

Zunächst sollen einige Fakten zum Läppkes Mühlenbaches als Einleitung genannt werden, gefolgt von einem Einblick in seine Historie seit der Industrialisierung im Ruhrgebiet. Anschließend werden das langjährige Monitoring-Projekt und das Untersuchungsgebiet dieser Arbeit kurz beschrieben.

3.1 Historie des Läppkes Mühlenbaches und Umgestaltung

Der etwa 6 km lange Läppkes Mühlenbach verläuft im Grenzbereich von Essen, Mülheim und Oberhausen und wird dabei durch mehrere kleine Quellen in Mülheim gespeist. Der Oberlauf des kleinen Emscherzuflusses heißt Hexbach und gilt als kommunales Gewässer der Stadt Essen, während der Läppkes Mühlenbach ein genossenschaftliches oder Verbandsgewässer ist und der für die Renaturierung zuständigen Emschergenossenschaft unterliegt. Das Einzugsgebiet beträgt 805 ha und hat einen Versiegelungsgrad von ca. 30% aufzuweisen. Im unteren Abschnitt bis ca. 2,3 km ist der Bach bzw. dessen Sohle sandgeprägt, während der Rest oberhalb dieser Marke kiesgeprägt ist. (NETZWERK URBANE BIODIVERSITÄT, JUNGHARDT 2013). In Abb. 3 ist der Verlauf des Läppkes Mühlenbaches im Stadtgebiet zwischen Oberhausen und Essen anhand einer Karte aus dem Jahr 2008 zu erkennen.

Abb. 3: Topographische Karte des Läppkes Mühlenbaches von 2008 (Junghardt 2010)

17

Bis zum Anfang der Industrialisierung Mitte des 19. Jahrhunderts war der Läppkes Mühlenbach ein kleines Fließgewässer mit ländlichem Charakter. Dies änderte sich, wie bereits festgestellt, mit dem Aufstieg des Bergbaus und der Industrie in der Emscherregion und der Bach erfuhr, abgesehen vom eher unberührten Oberlauf, eine ähnliche Veränderung wie die meisten anderen Nebenläufe der Emscher (NETZWERK URBANE BIODIVERSITÄT).

Anfang des 20. Jahrhunderts waren die „wasserwirtschaftliche[n] Verhältnisse" infolge der Zufuhr von Abwasser v.a. aus dem Bergbau sehr schlecht (NETZWERK URBANE BIODIVERSITÄT). Zwischen 1922 und 1925 wurden der Mittel- und Unterlauf des Läppkes Mühlenbaches technisch ausgebaut (JUNGHARDT 2013). Dies betraf mehrere Teilabschnitte, die „begradigt, mit Sohlschalen ausgekleidet und zum Teil verrohrt" wurden. Die Rohrleitungen führten zeitweise Abwasser, welches über eine Kläranlage in die Emscher abfloss. Wie im Beispiel der Emscher musste der Läppkes Mühlenbach erst einmal diverse Jahrzehnte lang als offener und mit Betonschalen versehener Schmutzwasserkanal bewirtschaftet werden, bevor er mit dem Abklingen der Bergsenkungen allmählich umgestaltet werden konnte (vgl. 2.2).

Die Folgen der industriellen Wasserwirtschaft, nämlich v.a. starke Verschmutzung und Kanalisierung, blieben bis zum Ende der 1980er Jahre erhalten, bis der Emscher-Umbau für Emscher und Nebenläufe beschlossen und der Läppkes Mühlenbach sogar zum Pilotprojekt des Emscher-Umbaus wurde (NETZWERK URBANE BIODIVERSITÄT, JUNGHARDT 2013). Ende des Jahres 1988 wurde kurz nach der Planfeststellung mit den ersten Umbauarbeiten begonnen. Dazu wurde zunächst das Abwasser vom Lauf des Baches entkoppelt und in neuen Abwasserkanälen geführt. Bis Mitte des Jahres 1991 konnte, begleitet von länger andauernden Bepflanzungen und der Herstellung eines größeren Feuchtbiotops, ein neu trassierter Abschnitt in der Länge von 2 km neu gestaltet werden, womit ein erstes Ziel am Läppkes Mühlenbach erreicht worden war. Mit der Umsetzung der Renaturierung waren die für das gesamte Emschersystem geltenden Ziele verbunden, u.a. das Fließgewässer vollständig offenzulegen, Hochwasserschutz zu gewährleisten, einen naturnahen Lebensraum für Pflanzen und Tiere zu schaffen und einen neuen Raum für Naherholung und Naturerfahrung zu schaffen (vgl. 2.1 u. 2.2). Seit der Umgestaltung ist die Emschergenossenschaft auch für die Unterhaltung des Baches, des Kanals und des Feuchtbiotops zuständig (JUNGHARDT 2013). Für den damals nicht mit umgestalteten und letzten Abschnitt des Fließgewässers von 0 bis 1,1 km wurden nach einer längeren Zeit weitere Maßnahmen geplant. Die ersten Bauarbeiten begannen im März 2016 und die Modellierungsarbeiten für die neue Trasse im Januar 2017 wurden weitgehend fertiggestellt. Ziel war es dabei, den Durchlass unter dem Sammelbahnhof Essen-Frintrop zu öffnen, damit der Läppkes Mühlenbach bis auf die Durchlässe unterhalb von Straßen und Bahnlinien und den Düker am Rhein-Herne-Kanal als vollständig offener Bach fließt. Um dies zu realisieren, wurde der Bau eines unterirdischen Abwasserkanals in diesem Abschnitt des Unterlaufs veranlasst. Zusätzlich wurde hier eine Regenwasserbehandlungsanlage installiert. Seit dem Umbau fließt der Läppkes Mühlenbach noch durch den unterirdischen Kanal. Sobald dieser vollständig fertig gestellt sein wird, wird das Wasser des Läppkes Mühlenbaches den umgebauten Lauf fluten, was für die erste Jahreshälfte 2018 geplant ist. Danach kann der Abwasserkanal wie geplant Schmutzwasser führen (NETZWERK URBANE BIODIVERSITÄT, JUNGHARDT 2013, EMSCHERGENOSSENSCHAFT 2012: 6).

Begleitend zur bisherigen Umgestaltung soll ein Langzeit-Monitoring die künftige Entwicklung von Flora und Fauna am Läppkes Mühlenbach dokumentieren. Dies soll „über einen Zeitraum von mindestens 10 Jahren" erfolgen und bietet die Gelegenheit zu einem relativ neuen Projekt, da bisher wenige vergleichbare Renaturierungsprojekte auf industriell geprägten bzw. überprägten Standorten erfolgt sind (NETZWERK URBANE BIODIVERSITÄT).

3.2 Untersuchungsgebiet

Auf dem Areal des ehemaligen Sammel- bzw. Güterbahnhofs, wo der jüngste Umbau erfolgt ist, liegt das Untersuchungsgebiet dieser Arbeit. Es befindet sich oberhalb der Dellwiger Straße, an der die Gleise der Trasse Oberhausen Walzwerk Abzweig liegen, östlich des Stahlwerksgeländes und westlich vom Gleispark Frintrop. Das Ganze Areal wird in Abb. 4 dargestellt.

Abb. 4: Das Untersuchungsgebiet (eigene Darstellung; Kartengrundlage von Google Earth 2016)

Der hier im Zuge des Umbaus entstandene Abschnitt weist bereits beim Anblick Besonderheiten auf. Das Gelände ist aus unterschiedlichen Perspektiven in den Abb. 5a und 5b zu sehen.

Abb. 4: Aue des Läppkes Mühlenbaches, von einer Halde aus fotografiert (eigene Darstellung)

Abb. 5: Aue des Läppkes Mühlenbaches und ein Teil des Gleisparks (eigene Darstellung)

Die neue Aue, in der das initiale Flussbett mäandrierend verläuft, wird von aufgeschütteten Hängen begrenzt, welche aus oberflächennahem Bodenmaterial aus dem dazwischenliegenden Bereich stammen. Somit liegt heute in der Aue jener natürliche Talsand der Emscher frei, welches einst unter aufgeschüttetem, aus der Industrie stammendem Substrat verborgen lag (HILLER & MEUSER 1998: 66). Ein schematisches Querprofil wird in Abb. 6 dargestellt.

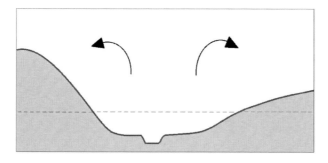

Abb. 6: Schematisches Querprofil der Aue im Bereich des Transekts T2 mit Hilfslinie als ehemalige Geländehöhe vor der Umgestaltung (eigene Darstellung)

Bei näherer Betrachtung wird eine relativ hohe Variabilität der Substrate erkennbar, auf welche im Kap. 5 eingegangen wird. Da die Aue noch sehr jung ist, ist dort noch wenig Bewuchs von Pflanzen zu erkennen (Stand Ende 2017), doch wuchern bereits diverse Kräuter und Gräser vor allem an den Hängen und auf den Aufschüttungen. Wie aus einer Einführung in das Monitoring-Konzept in Abschnitt 3.1 hervorgeht, befinden sich die Vegetations- und Bodenentwicklung dieses neu gestalteten Areals zur Zeit im Anfangsstadium (NETZWERK URBANE BIODIVERSITÄT).

Einige pedologische Parameter dieser Böden wurden labortechnisch untersucht und werden als Hauptgegenstand dieser Arbeit in Kap. 5 dargestellt und diskutiert.

4. Methodik

Um das Bodenmaterial labortechnisch zu untersuchen, wurden im Vorfeld mehrere Transekte (für diese Arbeit die beiden Transekte T2 und T3 mit den Stellen T2-1 bis T2-5 und T3-1 bis T3-2) im Querverlauf der künftigen Gewässersohle festgelegt. Als erstes wurden Bodenproben an geeigneten Stellen entlang der Transekte entnommen, und zwar jeweils vier pro Stelle (Abstufungen 0-2 cm, 2-5 cm, 5-10 cm sowie 10-30 cm Tiefe) für die Parameter pH-Wert, elektrische Leitfähigkeit sowie Kohlenstoff und jeweils eine bis zwei pro Stelle (verschiedene Abstufungen, je nach Mächtigkeit des Horizontes) für Skelettgehalt, KAKeff und Bodenart. Zur genauen Entnahme wurde ein Pürckhauer verwendet, mit dem das Material nach Horizont sortiert aus den jeweiligen Bodenstellen entnommen werden konnte. Anschließend wurden die Bodenproben im Labor für die Untersuchungen vorbereitet. Dazu mussten zunächst die Proben für die Bestimmung von Skelettgehalt und Bodenart gewogen, ggf. gemörsert, mit einem Sieb der Maschenweite von 2 mm gesiebt und dann sowohl der Feinboden, als auch das Bodenskelett erneut gewogen werden. Über die Gewichtsdifferenzen wurden die prozentualen Anteile des Skeletts in den einzelnen Proben berechnet. Für die Bestimmung der Körnung und Bodenart der einzelnen Bodenproben wurden zunächst je 30 g Boden in 1 L-Bechergläser eingewogen und, wenn nötig, für Humus- und Carbonatzerstörung behandelt. Davon wurden nach dem Behandeln und Trocknen jeweils 20 g in Glasflaschen gegeben, 25 ml Dispergierungsmittel sowie Wasser hinzugefügt und das Gemisch für 2 Stunden geschüttelt. Zur Extraktion der feineren Fraktionen (Schluff und Ton) wurden zuerst für jede einzelne Fraktion je 10 ml-Portionen der Bodenlösung pro Probe über eine Pipette entnommen, in Bechergläser gefüllt und zum Trocknen gebracht. Anschließend wurde der restliche Inhalt der Proben über Siebsätze in einer Siebmaschine nass gesiebt, um die Sandfraktionen zu extrahieren und die Siebsätze dann ebenfalls getrocknet. Alle getrockneten Proben bzw. Siebsätze wurden zur Bestimmung der Anteile der Fraktionen am Gesamtanteil des Feinbodens gewogen.

Ein weiterer Schritt war die Untersuchung der Kationenaustauschkapazität (KAK$_{eff}$) der Bodenproben. Vorbereitet wurden die Proben durch das Einwiegen von 2,5 g Boden pro Standort in 100 ml PE-Flaschen. Bei den Proben wurde dabei nach Möglichkeit die jeweils oberste Schicht eines Standorts ausgewählt. Aufgrund des pH-Wertes von über 6,5 im Durchschnitt wurden Hexamincobalt-Trichlorid und Calcit als Reagenzien für fünf Proben ausgewählt. Bei den restlichen zwei Proben wurde eine Methode ausgewählt, nach der beide Proben einmal jeweils mit Hexamincobalt-Trichlorid und einmal mit Wasser gemischt wurden. Alle Proben wurden für eine Stunde geschüttelt, über Blauband-Filter gefiltert und das Filtrat sowie drei Blindwert-Proben anschließend analysiert. Die Formel zur Berechnung nach der im Labor genutzten Methode, in diesem Beispiel mit Na+, wird wie folgt berechnet:

$$\frac{mg/l \ Na \cdot ml \ Dispergierungsmittel \cdot Wertigkeit}{g \ Bodenprobe \cdot g/mol \ Na}$$

Die Proben zur Analyse der übrigen Parameter wurden ebenfalls auf 2 mm gesiebt und das Grobmaterial entfernt. Hier wurde zunächst der pH-Wert des Bodenmaterials bestimmt. Dazu wurde je 5 ml Boden mit jeweils 25 ml 0,01-molarer CaCl$_2$-Lösung (Calciumchlorid) gemischt. Nach dem Umrühren wurde das Gemisch für eine Stunde beiseite gestellt und anschließend mit einem pH-Meter untersucht.

Als nächstes wurde der Boden auf elektrische Leitfähigkeit, engl. EC (electrical conductivity), untersucht. Zunächst wurden je 20 g Boden und 100 ml Reinstwasser in 250 ml Polyethylen-Flaschen gefüllt und 30 Minuten lang mit dem Horizontalschüttler geschüttelt. Dann wurde mithilfe von Falten-Papierfiltern das feste Material gefiltert und das aufgefangene Filtrat mit einem Messgerät auf die elektrische Leitfähigkeit analysiert.

Der letzte zu bestimmende Parameter ist der Anteil an Kohlenstoff, welcher in verschiedenen Formen im Boden auftreten kann und daher auch unterschiedliche Methoden zur Bestimmung notwendig sind. Zunächst wurden Bodenproben für eine Carbonatzerstörung mit HCl (Salzsäure-Lösung) vorbereitet. Dazu wurden je 10 g Boden in vorher abgewogenen Erlenmeyer-Kolben eingewogen und anschließend jeweils 5 ml HCl-Lösung mit einer Molarität von 4 hinzugefügt. Einige Proben zeigten keine oder nur geringe Reaktionen, bei anderen waren stärkeren Reaktionen sichtbar, wo weitere Portionen HCl-Lösung hinzugefügt werden mussten, bis das Schäumen abklang. Danach wurden die Erlenmeyer-Kolben mit Wasser aufgefüllt, nach wenigen Tagen abgesaugt und getrocknet. Die Kolben wurden nun erneut gewogen und so ein Umrechnungsfaktor für jede Probe bestimmt. Das trockene, mit HCl behandelte Bodenmaterial wurde dann in Stahltiegeln zu Portionen von 500 – 1000 mg eingewogen und konnte so auf C_{org} (organischen Kohlenstoff bzw. Humus) untersucht werden. Hiernach wurde auf dieselben Proben eine Methode zur Bestimmung von steinkohlebürtigem Kohlenstoff nach KURTH et al. (2006) angewendet, nach der 20 ml 30-prozentiger H_2O_2-Lösung (Wasserstoffperoxid) und 10 ml 1-molarer HNO_3-Lösung (Salpetersäure) mit jeweils 1000 mg Boden gemischt werden.

Nach dieser Prozedur wurden unbehandelte Bodenproben ebenfalls zu 500 – 1000 mg in Stahltiegeln eingewogen und anschließend auf das C/N-Verhältnis einschließlich des Gesamtgehaltes an Kohlenstoff und Stickstoff untersucht. Der organische Kohlenstoff wird, bezogen auf die Gewichtsdifferenz durch die Behandlung des Carbonatanteils, wie folgt berechnet:

$$\frac{\text{C/N-Einwaage} \cdot \text{Bodengewicht vor Trocknung}}{\text{Bodengewicht nach Trocknung}}$$

5. Ergebnisse und Diskussion

In diesem Kapitel werden die untersuchten Böden beschrieben und die darauf basierenden Ergebnisse der Laboruntersuchungen dargeboten. Hierbei werden auch Gemeinsamkeiten und Unterschiede der einzelnen Bodenprofile beschrieben.

Anschließend erfolgt im nächsten Abschnitt eine Diskussion der Ergebnisse. Dabei soll ein Ziel der Diskussion sein, die eigenen Ergebnisse mit ähnlichen Forschungsergebnissen aus der Literatur zu vergleichen, um die Bodeneigenschaften des Untersuchungsgebietes einordnen zu können. Weiterhin sollen die möglichen Auswirkungen der Böden auf die künftige Erstbesiedlung von Pflanzen diskutiert werden. Anzumerken sei an dieser Stelle, dass aufgrund von Messfehlern, Ungenauigkeiten und der generellen Grenzen jeder Analysemethode immer einige Ergebnisse vom erwarteten „Idealfall" abweichen können.

5.1 Ergebnisse der Untersuchungen

Zum Untersuchungsgebiet gehören, wie bereits in 3.2 kurz eingeleitet, zwei Transekte mit den sieben dazugehörigen Messstellen. Die erste, T2-1, befindet sich am Südhang der Aue des Läppkes Mühlenbaches im hier untersuchten Areal. Hier fiel bereits bei der Probenentnahme im Gelände eine hohe Substratvariabilität auf, welche auch auf das ganze Areal bezogen auftritt. Während an der dunklen Oberfläche verschiedene, offensichtlich technogene Grobsubstrate auf teilweise verwurzelter, leicht humoser Auflage zu finden sind, befindet sich in ca. 1 dm Tiefe eine harte, grusige, gräuliche Schicht. Das Profil bzw. eine Probe ist in Abb. 7 und 8 dargestellt.

Der zweite Standort T2-2a befindet sich mitten in der Aue des in naher Zukunft gefluteten Bachlaufes. Hier fällt im Gelände bis auf eine dünne, humose Schicht an manchen Stellen der Oberfläche sehr wenig Bewuchs auf.

Abb. 9: Profil von T2-2a (eigene Darstellung).

Der dritte Standort T2-3 ist nahe dem zweiten gelegen am Rande des nördlichen Hanges der Aue. Dieser zeigt ebenfalls optische Unterschiede zu den anderen Stellen auf, was beispielsweise Farbe, Textur und Bewuchs (hier mit Moosschicht) betrifft.

26

Abb. 10: Profil von T2-3 (eigene Darstellung).

Die nächste Probenentnahme (T2-4) wurde an einer etwas höher gelegenen Stelle am Nordhang vorgenommen. Es zeigt sich eine auffällige Variabilität im Vertikalverlauf und eine Ähnlichkeit zu T2-3.

Abb. 11: Profil von T2-4 (eigene Darstellung).

Die Messstelle T2-5 liegt auf dem Gipfel der Aufschüttung nördlich der Aue. Die Homogenität des sandigen, schwach bewachsenen Bodens zeigt Ähnlichkeiten zum Profil T2-2a und gibt damit erste Indizien darauf, dass das Material von der Aue selbst stammen könnte.

Abb. 12: Profil von T2-5 (eigene Darstellung).

Die Messstellen T3-1 und T3-2 befinden sich entlang des Transektes 3, welcher ungefähr in West-Ost-Richtung verläuft und dabei zwei Aufschüttungen sowie den hier nordwärts verlaufenden Flusslauf durchkreuzt. Der Standort T3-1 ist oberflächennah von dunklem, kiesreichem Substrat bedeckt, enthält ca. 1 dm tief helles Material und zeigt einen relativ üppigen Bewuchs. In Abb. 14 und 15 ist der Boden an der Stelle T3-2 zu sehen, welcher sandig ist und an den Auensand erinnert.

Abb. 13: Standort T3-1 im Profil (eigene Darstellung).

Abb. 14: Profil des Standortes T3-2 (eigene Darstellung).   Abb. 15: Bodenprobe von T3-2
(eigene Darstellung).

Mithilfe der Laboruntersuchungen konnten die Bodensubstrate entlang der beiden Transekte in der neuen Aue auf ihre Parameter untersucht werden. Diese sind in der nachfolgenden Gesamtübersicht für alle Standorte tabellarisch aufgelistet.

Tab. 1: Alle untersuchten Parameter für die jeweiligen Proben und Probenschichten. Die Parameter pH-Wert und Kohlenstoff (TC bis C/N) beziehen sich hier jeweils auf die Schichten 0-2 cm (eigene Darstellung)

Probenstandort	T2-1		T2-2a		T2-3	
	T2-1 (0-10)	T2-1 (10-20)	T2-2a (0-5)	T2-2a (5-30)	T2-3 (0-30)	
Skelettgehalt (%)	63,7	40,9	12,1	15,0	0,49	
Sand (% des Feinbodens)	75,4		91,3		47,3	
Schluff (% des Feinbodens)	20,8		5,5		42,3	
Ton (% des Feinbodens)	3,8		3,2		10,4	
Bodenart	Su2		Ss		Slu	
KAK (mmolc/kg)	119,4		54,5		107,7	
Ca²+	112,5		52,0		96,5	
K+	3,15		0,86		2,48	
Mg²+	2,95		1,35		8,56	
Na+	0,82		0,37		0,19	
EC (µS/cm)	152,5		59,5		103,2	
pH	7,4		7,4		7,0	
TC (%)	13,3		0,5		0,6	
C_{org} (%)	12,4		0,3		0,5	
$C_{steinkohle}$ (%)	6,8		0,1		0,2	
C_{humus} (%)	5,6		0,2		0,3	
C_{anorg} (%)	0,9		0,2		0,1	
C/N	45,5		16,4		12,6	

Tab. 2: Fortsetzung der untersuchten Parameter (eigene Darstellung)

T2-4		T2-5		T3-1		T3-2	Bemerkung
T2-4 (0-20)	T2-4 (20-30)	T2-5 (0-30)		T3-1 (0-10)	T3-1 (10-30)	T3-2 (0-30)	
6,5	38,0	16,1		39,8	27,5	8,2	
80,8		82,6		72,6		83,4	bezogen auf jew. oberste Schicht
13,1		11,8		21,7		11,9	"
6,1		5,7		5,7		4,7	"
Sl2		Sl2		Sl2		Su2	"
53,8		54,3		87,9		46,6	"
47,8		50,4		78,4		43,1	"
1,36		1,48		2,29		1,20	"
4,49		2,05		6,48		2,03	"
0,19		0,38		0,70		0,33	"
56,0		53,3		155,8		81,4	"
7,4		7,1		7,5		7,5	jew. bezogen auf 0-2 cm
1,7		0,3		12,7		0,7	"
1,7		0,3		11,4		0,7	"
1,7		0,1		10,8		0,4	"
0,0		0,2		0,6		0,3	"
0,0		0,0		1,3		0,0	"
23,0		10,7		46,5		25,1	"

Der **Skelettgehalt** zeigt bereits sehr große Schwankungen bezogen auf alle Entnahmestellen des Untersuchungsgebietes (Tab.1). Insgesamt wurden Anteile von 0,49 bis 63,7% berechnet, was kennzeichnend für eine große Heterogenität der Ausgangssubstrate ist. Im sandigen Profil von T2-2a ist erwartungsgemäß relativ wenig Skelett enthalten, was in den von Industrieaufschüttungen dominierten Böden der

Standorte T2-1 und T3-1 anders ist. Auch innerhalb einzelner Bodenprofile finden sich teilweise Unterschiede im Vertikalverlauf. So beträgt beispielsweise der Anteil des Skeletts in der oberflächennahen Schicht 0-20 an Standort T2-4 etwa 6,5%, während die Schicht 20-30 bereits ca. 38% Steine und Kies enthält. In den folgenden Abbildungen sind auf den linken Kreisdiagrammen die mittleren Skelettgehalte gegenüber dem Feinboden dargestellt.

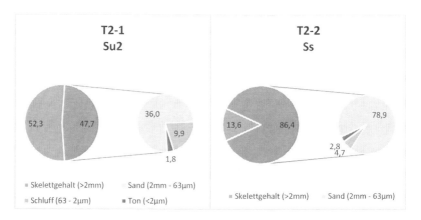

Abb. 16: Körnung und Skelettgehalt von T2-1 und T2-2(a) als Kreisdiagramme (eigene Darstellung)

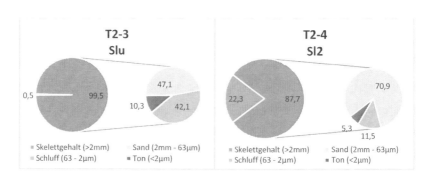

Abb. 17: Körnung und Skelettgehalt von T2-3 und T2-4 (eigene Darstellung)

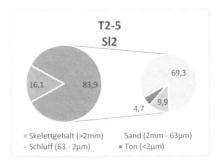

Abb. 18: Körnung und Skelettgehalt von T2-5 (eigene Darstellung)

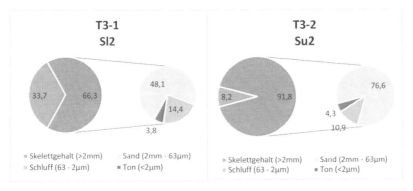

Abb. 19: Körnung und Skelettgehalt von T3-1 und T3-2 (eigene Darstellung)

Die Parameter Körnung (< 2mm), KAK$_{eff}$ und elektrische Leitfähigkeit wurden pro Entnahmestelle nur jeweils einmal bestimmt, und zwar, soweit unterteilt, von der jeweils obersten Schicht. In den Abb. 16-19 wird neben dem Skelettgehalt die **Körnung** graphisch dargestellt (jeweils die rechten Kreisdiagramme). Hier sind im Hinblick auf die Körnung die Anteile an Sand, Schluff und Ton dargestellt, Abb. 20 visualisiert darüber hinaus die Anteile jeder Korngrößenfraktion pro Standort dar. An allen Standorten ist Sand, bezogen auf den Gehalt an Feinboden, dominant und dessen Anteil liegt insgesamt zwischen 47,3 und 91,3%. Bis auf den vergleichsweise geringen Wert an Standort T2-3 wurden immer größere Anteile als 70% gemessen. So lassen sich für fünf der sieben Messstellen die Bodenarten Sl2 (schwach lehmiger Sand) und Su2 (schwach schluffiger

Sand) identifizieren. Zudem sind die Schluffgehalte mit Anteilen von 5,5 bis 42,3 % relativ weit gestreut, die Tongehalte dagegen liegen weniger stark auseinander.

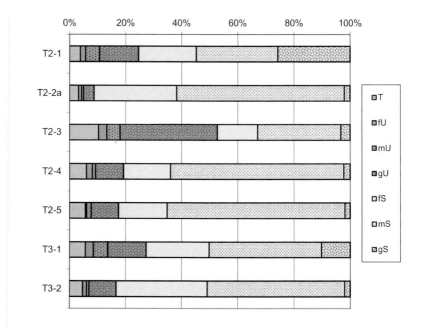

Abb. 20: Alle Kornfraktionen der Proben in prozentualen Anteilen als Balkendiagramme dargestellt (eig. Darstellung)

Die Spanne der **KAKeff** reicht insgesamt von 54,30 bis 119,38 mmolc/kg. Die deutlich stärkste Präsenz am Kationenbelag aller Standorte besitzt dabei Ca^{2+}. Der Anteil von K-, Mg- und Na-Ionen dagegen ist sehr gering und beträgt meist deutlich weniger als 10 mmolc/kg. Es sind zudem erwähnenswerte Anteile an Aluminium bzw. Al^{3+}-Ionen in der Bodenlösung festgestellt worden, welche jedoch aufgrund des hohen pH-Werts keine Rolle im Kationenbelag spielen. Hinsichtlich der elektrischen Leitfähigkeit (**EC**) lassen sich Werte im Bereich von 53,3 bis 155,8 μS/cm ermitteln. Da dies die Mittelwerte aus Doppelbestimmungen sind und hier bereits der höchste Wert den niedrigsten fast um das Dreifache übersteigt, ist die Spanne ebenfalls relativ groß.

Tab. 3: Übersicht aller Messungen bezüglich pH-Wert und Kohlenstoff (eigene Darstellung)

Tab. 3: Übersicht aller Messungen bezüglich pH-Wert und Kohlenstoff (eigene Darstellung)

Proben	pH	TC (%)	C_{org} (%)	$C_{Steinkohle}$ (%)	C_{Humus} (%)	C_{anorg} (%)	C/N
T2-1 (0-2)	7,4	13,3	12,4	6,8	5,6	0,9	45,5
T2-1 (2-5)	7,7	14,1	13,2	6,7	6,5	0,9	44,4
T2-1 (5-10)	7,7	14,4	11,8	6,3	5,5	2,6	44,5
T2-1 (10-30)	7,9	13,6	7,0	6,2	1,2	6,6	47,8
T2-2a (0-2)	7,4	0,5	0,3	0,1	0,2	0,2	16,4
T2-2a (2-5)	7,3	0,2	0,1	0,0	0,1	0,1	13,0
T2-2a (5-10)	7,1	0,1	0,1	0,0	0,1	0	9,2
T2-2a (10-30)	4,9	0,1	0,1	0,0	0,1	0	7,3
T2-3 (0-2)	7,0	0,6	0,5	0,2	0,3	0,1	12,6
T2-3 (2-5)	6,9	0,6	0,4	0,2	0,2	0,2	11,7
T2-3 (5-10)	6,8	0,3	0,2	0,1	0,1	0,1	9,1
T2-3 (10-30)	6,5	0,3	0,3	0,1	0,2	0	8,2
T2-4 (0-2)	7,4	1,7	1,7	1,7	0,0	0	23,0
T2-4 (2-5)	7,4	1,8	1,7	1,2	0,4	0,1	20,6
T2-4 (5-10)	7,4	2,4	2,2	2,2	0,0	0,2	24,7
T2-4 (10-30)	7,4	2,3	1,7	1,4	0,3	0,6	28,4
T2-5 (0-2)	7,1	0,3	0,3	0,1	0,2	0	10,7
T2-5 (2-5)	7,2	0,3	0,2	0,1	0,1	0,1	9,3
T2-5 (5-10)	7,2	0,3	0,3	0,2	0,1	0	12,9
T2-5 (10-30)	6,9	0,2	0,2	0,2	0,0	0	11,3
T3-1 (0-2)	7,5	12,7	11,4	10,8	0,6	1,3	46,5
T3-1 (2-5)	7,6	12,1	11,3	9,4	1,9	0,8	49,7
T3-1 (5-10)	7,5	11,9	11,4	10,2	1,2	0,5	44,9
T3-1 (10-30)	7,5	2,0	2,0	1,6	0,4	0	26,5
T3-2 (0-2)	7,5	0,7	0,7	0,4	0,3	0	25,1
T3-2 (2-5)	7,4	0,7	0,7	0,3	0,4	0	36,1
T3-2 (5-10)	7,5	0,6	0,4	0,2	0,2	0,2	21,1
T3-2 (10-30)	7,4	0,5	0,4	0,4	0,0	0,1	25,1

In Tab. 3 sind alle Ergebnisse bezüglich der pH-Werte und der Kohlenstoff-Werte für alle beprobten Schichten aufgelistet. Bei den **pH-Werten** ist eine große Homogenität zu sehen, was in Anbetracht der ansonsten großen Heterogenität der Böden ungewöhnlich ist. Hierfür wurden pro Standort jeweils vier Schichten untersucht. Eine Probe der Schicht 10-30 von Standort T2-2 zeigt einen Wert von 4,9 an und sticht damit aus allen anderen Beprobungen heraus. Der Rest befindet sich in einem Bereich von 6,5 bis 7,9 und damit im schwach sauren bis schwach alkalischen Bereich. Die pH-Werte sind in Abb. 21 als Säulendiagramm dargestellt.

34

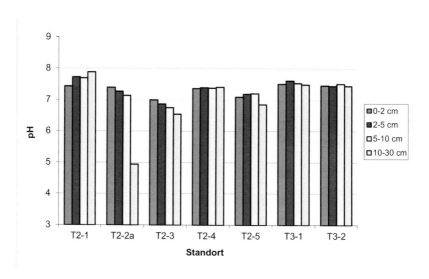

Abb. 21: Die gemessenen pH-Werte nach Beprobungstiefe gruppiert pro Standort dargestellt (eigene Darstellung)

Zum Kohlenstoffgehalt in den Böden lassen sich unterschiedliche Aussagen in Bezug auf Art des Kohlenstoffs und dessen Gehalte treffen. Während an den Standorten T2-1 und T3-1 hohe C-Gehalte mit unterschiedlicher Zusammensetzung nach Kohlenstoff-Art, jedoch mit beträchtlichen Anteilen an Steinkohle, nachgewiesen wurden, finden sich an den anderen Messstellen deutlich geringere Mengen an C. Markant sind auch sowohl die hohen C_{Humus}-Werte in T2-1, aber auch die hohen Mengen an anorganischem Kohlenstoff in der Schicht T2-1 (10-30).

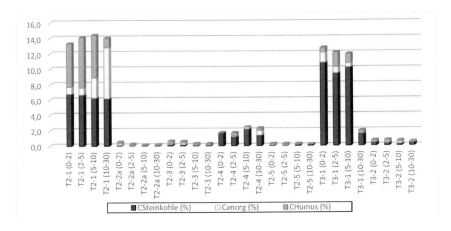

Abb. 22: Gesamtkohlenstoff (TC) als Säulen dargestellt mit den Anteilen an Steinkohle, Humus und Canorg (Kalk) (eigene Darstellung)

Die C/N-Verhältnisse der Böden, welche in Abb. 23 zu ersehen sind, zeigen grundsätzlich eine ähnliche Verteilung wie die prozentualen C-Werte, jedoch insgesamt ausgeglichener.

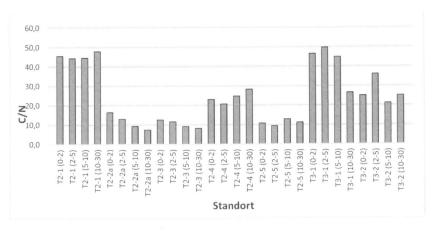

Abb. 23: C/N-Verhältnisse der Bodenproben aller Standorte und Schichten als Säulendiagramm (eigene Darstellung)

5.2 Diskussion

Bei der Betrachtung der hier besprochenen Böden wird, stets nach behandelten Parametern, jeweils ein Vergleich aller Messstellen vorgenommen, die Variabilität der Vertikalverläufe der Böden, wenn möglich, veranschaulicht und schließlich ein exemplarischer Vergleich zu Kenntnissen aus der Literatur hergestellt. Zuletzt werden weitere Eigenschaften, insbesondere in Bezug auf den potenziellen, künftigen Bewuchs auf den Böden der neuen Aue, diskutiert. An dieser Stelle ist anzumerken, dass aufgrund der maximalen Tiefe der Probenentnahme von 30 cm in dieser Arbeit die getroffenen Aussagen zu Fragestellungen bezüglich von Tiefengradienten eher begrenzt sind und sich lediglich auf die oberen 30 cm beziehen können.

Die in der Kurzbeschreibung des Untersuchungsgebietes in Kap. 3.2 angesprochene Substratvariabilität ist auf das im Rahmen der Umgestaltung umgelagerte Bodenmaterial zurückzuführen. Bei der Untersuchung der Bodenproben ist festgestellt worden, dass diese sich teilweise bodenchemisch und –physikalisch voneinander unterscheiden, doch sind auch Gemeinsamkeiten zu verzeichnen. Wie oben erwähnt, bestehen auffällige Gemeinsamkeiten aller untersuchten Böden in Bezug auf den pH-Wert, welcher sich um den neutralen Bereich bewegt. Dies bekräftigt die allgemeine Aussage, dass Böden aus (nach-)industriellen Aufschüttungen aufgrund ihrer oft lebensfeindlichen Eigenschaften, aber auch aufgrund der relativ kurzen Entwicklungsdauer mit Rohböden verglichen werden können, welche sich typischerweise nahe dem neutralen Bereich befinden (z.B. KASIELKE & BUCH 2011: 5, AG BODEN 2005). Die Werte können hier somit einerseits Anzeichen für erhöhte Gehalte an carbonathaltigen Substraten zeigen, andererseits auf die Umlagerungen des Materials zurückzuführen sein. Im Vertikalverlauf zeigen die Böden bis auf eine Ausnahme noch keine eindeutigen Anzeichen einer Bodenversauerung. Da die Stelle T2-1 von der Oberfläche abwärts als einzige einen stetig sinkenden pH-Wert vorzuweisen hat (Anstieg um fast 0,5 innerhalb von 30 cm), liegt die Vermutung nahe, dass hier bereits eine Versauerung stattgefunden hat. Dies könnte durch das Vorkommen von Bergematerial gestützt werden, von welchem am Südhang (T2-1) ausgegangen wird. Dass Bergematerial Anfangs typischerweise schwach basische pH-Werte aufweist, nach einigen Jahren stark versauert, um sich mit der Zeit wieder zu neutralisieren (vgl. 3.4), ist bekannt. Die Voraussetzung für diese These ist, dass das Material entweder rezent oder vor längerer Zeit aufgeschüttet wurde. Es passt hier allerdings gut ins Bild, dass nach HILLER & MEUSER (1998) Beimengungen von Bergematerial nicht die Dynamik der pH-Werte von reinen Bergehalden erreichen und Böden mit Beimengungen häufig die hier gemessenen pH-Werte erreichen. Dennoch lassen die hier gemessenen pH-Werte einen Spielraum in der Interpretation zu, da sie durch die alkalisierende Wirkung der hier ebenfalls teilweise gesichteten und vermuteten Beimengungen von Schlacke, Aschen und anderer Substrate erklärt werden könnten (vgl. 2.3). Wahrscheinlich ist, dass das ab der Tiefe von ca. 10 cm vorgefundene, sich optisch vom oberflächlichen Substrat unterscheidende Material aufgrund anderer Eigenschaften zur Dynamik der Werte beiträgt. Die anderen Böden zeigen entweder leichte Tendenzen zu leicht höherem pH-Wert mit der Tiefe oder keine nennenswerten Unterschiede. Erstere Tendenzen könnten durch rezente Umlagerungen des jeweiligen Materials erklärt werden. Eine Ausnahme bildet hier T2-2a, wo in der Schicht 10-30 cm ein saurer pH-Wert (4,9) auftritt und stark vom Rest abweicht. Ungewöhnlich sind hier jedoch eher die im oberen Bereich (0-10 cm) auftretenden, leicht basischen Werte, da hier (und damit in der Aue) carbonatfreier Sand vorliegt und damit saure Bedingungen zu erwarten wären, was einem Regosol entspricht (SCHEFFER & SCHACHTSCHABEL 2002). Für eine Erklärung solcher Werte bzw. Abweichungen reicht der Umfang dieser Arbeit nicht aus. Labortechnische Messfehler und –ungenauigkeiten sind zudem in Betracht zu ziehen.

Der teilweise hohe Skelettgehalt an manchen Messstellen zeigt ebenfalls einen Zustand geringer Bodenentwicklung an und ein Indiz für einen hohen Anteil von technogenen Substraten im Boden (Meuser 2010: 206). Die höheren Gehalte an Grobboden an den Standorten T2-1 und T3-1 lassen sich als stark bzw. mäßig skelletthaltig beschreiben (SCHEFFER & SCHACHTSCHABEL 2002: 157). An den anderen Standorten ist der Skelettanteil deutlich geringer und Sand das vorherrschende Substrat (vgl. 5.1). Die Herkunft dieser Substrate ist vermutlich zum Großteil natürlich, da sich zunächst optisch kein reines, technogenes Substrat hierzu zuordnen lässt (vgl. HILLER & MEUSER 1998: 17f.). Auch hier ist bei der vertikalen Betrachtung die Umlagerung des Materials als Erklärung für die unterschiedliche Verteilung von Grobboden an den einzelnen Stellen zu nennen. Die hohe Variabilität steht vermutlich in direktem Zusammenhang mit der unterschiedlichen Herkunft und Zusammensetzung der Substrate. Dies trifft auch auf die verschiedenen Fraktionen im Feinboden zu, da hier ebenfalls eine differenzierte Verteilung vorliegt. So lassen sich den sieben Messstellen vier verschiedene Bodenarten zuordnen, es treten die Bodenarten Su2, Ss, Slu und Sl2 auf. Die Verteilung der verschiedenen Fraktionen am Beispiel T2-1 zeigt Ähnlichkeiten mit einem Boden mit Bergematerial, doch auch Unterschiede, was vor allem den Skelettgehalt anbelangt (Meuser 2010: 171). Dies zeigt die sehr hohe Vielfalt an Formen und Zusammensetzungen urbaner und industrieller Böden, welche sich nur schwer zu typischen Konstellationen zusammenfassen lässt.

Beim Vergleich der KAKeff der hier untersuchten Böden kann ein Zusammenhang zum Anteil von Sand hergestellt werden. Dieser zeigt, dass die KAKeff mit steigendem Anteil von Sand sinkt, was nicht direkt mit dem Sand zusammenhängt, sondern mit dem entsprechend sinkenden Anteil von Ton erklärt werden kann. Wie aus Abb. 20 hervorgeht, sind die Tongehalte meist geringer mit steigendem Anteil von Sand.

Somit variieren die Werte an allen Standorten mehr oder weniger stark, scheinen sich aber auch nicht grundlegend voneinander zu unterscheiden (vgl. 5.1). Auch könnten sich die hier gemessenen Werte mit dem unterschiedlichen Auftreten von Ton und organischer Substanz erklären lassen, da diese in natürlichen Böden häufig in typischen Bereichen (Tonfraktion: 300-500; organische Substanz: 1800-3000 mmolc/kg) variieren (HILLER & MEUSER 1998: 65). Dies kann hier jedoch nicht eindeutig miteinander in Zusammenhang gebracht werden, da z.B. in T2-4 signifikant mehr organischer Kohlenstoff und auch mehr Ton und Schluff vorhanden sind als in T2-2a, die KAKeff beider Standorte aber nahezu gleich ist (Tab. 1 u. 2). Abgesehen von möglichen Ungenauigkeiten bei der Messung könnte eine Erklärung darin liegen, dass sich von ehemaligen, carbonatreicheren Auflagehorizonten Ca^{2+}-Ionen im Auensand angereichert haben, was den Unterschied ausmachen würde. Dies ist jedoch eher spekulativ, für die genaue Klärung dieser Fragestellung reicht der Rahmen dieser Arbeit nicht aus. Insgesamt lassen sich die Werte für die KAKeff, bezogen auf natürliche Substrate, mit denen natürlicher Sande mit 2-3% Humus (50-100) und, ansatzweise, sandiger Lehme, Lehme und toniger Schluffe (100-250 mmolc/kg) vergleichen. Die hier niedrigen Werte liegen im Bereich der KAKeff von sauren Böden wie Podsol oder Pseudogley, die höheren kommen fast an Braunerde oder Parabraunerde heran (Scheffer & Schachtschabel 2002: 119). Orientiert an einer Gliederung der KAKeff in sechs Stufen (HILLER & MEUSER 1998, nach AG Bodenkunde 1996) lassen sich die hier berechneten Werte an vier Stellen dem geringen bzw. an drei Stellen dem mittleren Bereich zuordnen. Bei dem Versuch, die KAKeff der eigenen Ergebnisse mit anthropogenen Böden ähnlicher Standorteigenschaften zu vergleichen, werden sowohl Parallelen, als auch Unterschiede sichtbar. Während die KAKeff in den Tiefen von 0-30 cm von mehreren untersuchten Profilen von Rangierbahnhofsböden sich in sehr niedrigen Bereichen (11,5-75,1 molc/m³) befinden, zeigen durchaus vergleichbare Standorte mit industriellen Substrataufträgen im nordwestlichen Ruhrgebiet ähnliche, im Mittel knapp über 100 mmolc/dm³ liegende Werte (HILLER & MEUSER 1998: 67f., 144). Es wird u.a. von MEUSER (2010) diagnostiziert, dass im Allgemeinen Bergematerial eher die KAKeff reduziert, Aschen und Schlacken diese hingegen erhöhen können, was aber auch vom Skelettanteil abhängt. Dadurch scheint T2-1 eine durchaus hohe KAKeff zu haben, welche sich jedoch auf den relativ geringen Feinbodenanteil beschränkt und bezogen auf die Gesamtmasse im Boden in geringerer Ausprägung zu erwarten ist.

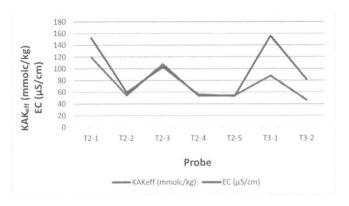

Abb. 24: KAKeff und EC im Vergleich zueinander (eigene Darstellung)

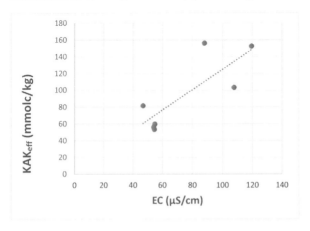

Abb. 25: Punktdiagramm mit Regressionsgerade für KAKeff und EC (eigene Darstellung)

Hinsichtlich der elektrischen Leitfähigkeit ist eine ähnliche Verteilung zu erkennen wie bei der KAKeff, was aus Abb. 24 ersichtlich ist. Hier wird ein deutlicher Zusammenhang erkennbar, welcher in einem Punktdiagramm in Abb. 25 anders dargestellt wird, jedoch den Trend unterstreicht. Die klar höchsten Werte sind bei T2-1 und T3-1 gemessen worden, mit jeweils etwa 150 µS/cm. Dies ist bei T2-1 mit der EC erhöhenden Wirkung steinkohlehaltiger Substrate und einiger Aschen sowie Schlacken, welche dort in Frage kommen, zu erklären (HILLER & MEUSER 1998). Reine Steinkohle beispielsweise weist Werte zwischen 0,9 und 6,0 mS/cm bzw. 900 bis 6000 µS/cm auf und stellt damit einen sehr großen Einfluss hinsichtlich der elektrischen Leitfähigkeit dar. Auch die anderen oben erwähnten Substrate besitzen in Reinform sehr hohe Werte, welche sehr weit über die in dieser Arbeit gemessenen Bodenwerte hinausgehen (HILLER & MEUSER 1998). An den anderen Messstellen sind geringere Beimengungen technogener Substrate vermutet und dementsprechend die Werte auch meist geringer. Insgesamt betrachtet und verglichen mit natürlichen Böden fällt jedoch auf, dass die EC-Werte der in dieser Arbeit untersuchten Böden relativ gering sind. In einer tabellarischen Übersicht stellen SCHEFFER & SCHACHTSCHABEL (2002) häufige EC-Bereiche von natürlichen Böden dar (auf Basis der Werke u.a. von CAMPBELL & BECKETT 1988). Dabei ergeben sich häufige Spannen von etwa 300-700 µS/cm für Ackerböden und 300-1200 µS/cm für Waldböden, welche sogar über allen hier gemessenen Werten liegen. Daher lässt sich sagen, dass die elektrische Leifähigkeit aller Standorte trotz teilweiser Anwesenheit von z.B. Steinkohle in einem niedrigen und unproblematischen Bereich liegt.

Im Folgenden erfolgt eine kurze, weiterführende Diskussion mit dem Ziel, die möglichen Eigenschaften der untersuchten Böden im Hinblick auf künftige Besiedlungen von Pflanzen zu beschreiben.

Aus den hier bestimmten Parametern lassen sich weitere Eigenschaften der Böden ableiten. Aus dem hohen Skelettgehalt mancher Standorte (vor allem T2-1) lässt sich eine, insbesondere ab einer Tiefe von 10 cm, erschwerte Durchwurzelung sowie geringere nFK und Wasserhaltekapazität vermuten, wodurch der Bewuchs von größeren Pflanzen wie z.B. Sträuchern und Bäumen erschwert wird und in absehbarer Zeit nicht zu erwarten ist. Es bietet sich im Zuge einer Primärsukzession jedoch zweifelsfrei zumindest für Gräser oder Kräuter eine Fläche an, welche den als eher lebensfeindlich anmutenden Südhang bereits besiedelt haben. Damit sich mit der Zeit Uferbäume etablieren könnten, müsste vor allem der etwas tiefer gelegene, dichte und harte „Krustenboden" zergliedert werden und sich ein geeignetes Bodengefüge entwickeln. U.a. stellt BURGHARDT (1994) fest, dass Substrate wie „Aschen und andere grusartige Substrate" mit ihren Eigenschaften eine Art Barriere für Bodenorganismen, z.B. Regenwürmer, bilden und eine Bodenentwicklung hemmen oder gar behindern. Es kann aber für solche Standorte wie T2-1 erwartet werden, dass die mit der Zeit erfolgende Humusakkumulation zu einer Verbesserung des Bodens hinsichtlich seiner Eignung für Bewuchs beitragen kann.

Wie bereits angesprochen, können Böden an ehemals industriell oder anderweitig anthropogen stark geprägten Standorten, wie es im Untersuchungsgebiet dieser Arbeit der Fall ist, häufig stark belastet sein mit verschiedenen Schadstoffen. Diese wurden hier noch nicht untersucht, können jedoch mit einer hohen Wahrscheinlichkeit vermutet werden. Durch die gemessenen pH-Werte, welche überwiegend im schwach alkalischen Bereich liegen, wird in nächster Zeit die Mobilität von Schadstoffen wie z.B. toxisch wirkenden Schwermetallen jedoch gering sein und sich so vermutlich kaum auf die Vegetation auswirken. Dies basiert jedoch auf dem Umstand, dass keine stärkere Versauerung stattfinden wird, da sich sonst vieles zu Lasten der biologischen Aktivität und Vegetation ändern würde. Die erhöhte Bodenreaktion könnte auch andere negativ wirkende Eigenschaften (z.B. hohen Skelettgehalt und geringe Durchwurzelungstiefe) ausgleichen, da erhöhte pH-Werte zu einer höheren biologischen Aktivität führen und z.B. das Auftreten von Regenwürmern begünstigen, welche u.a. wichtig für die Entwicklung des Bodengefüges sind (BURGHARDT 1994). Im Auensand und möglicherweise auch an anderen Stellen des Untersuchungsgebietes, welche zum Großteil Sand als Hauptkomponente enthalten, dürfte eine schnellere Versauerung des Bodens zu erwarten sein. Hier ist, wie bereits erwähnt, die Schadstoffsituation nicht geklärt und daher die Auswirkung auf künftige Vegetation ungewiss. Es kann aber vermutet werden, dass sich je nach Ausgangssubstrat und Schadstoffgehalt des Bodens viele spezialisierte Arten ansiedeln könnten, welche einen Vorteil aus den hier gegebenen, für natürliche Standorte untypischen Standorteigenschaften beziehen könnten. Diese These kann durch die bereits erfolgte Sichtung seltener Arten in diesem Gebiet gestützt werden.

6. Fazit

Die Untersuchung der Böden am Läppkes Mühlenbach und die darauf basierende Arbeit wurden im Rahmen eines ökologischen Langzeit-Monitorings vorgenommen bzw. angefertigt. Mithilfe der labortechnischen Analysen und zur Hilfe gezogener Literatur ist es zu einem wesentlichen Teil gelungen, die Böden zumindest in Grundzügen nach einigen ihrer Eigenschaften zu beschreiben und diese Eigenschaften einzuordnen. Wie sich die Böden und die damit verbundene Auenvegetation sowie fließgewässertypische Arten im Zuge der Flutung des Baches langfristig entwickeln werden, scheint zum gegenwärtigen Zeitpunkt noch sehr ungewiss. Wie aus zahlreichen, bisher vorgenommenen und publizierten Untersuchungen zu urban-industriell geprägten Böden hervorgeht, können sich durchaus sehr viele scheinbar als lebensfeindlich geltende Standorte mit unterschiedlich belasteten und sogar mit Schadstoffen kontaminierten Substraten als Standorte voller Leben erweisen. Dies und darüber hinaus die im Rahmen dieser Arbeit gewonnenen Erkenntnisse über das Untersuchungsgebiet lassen vermuten, dass die neue, umgestaltete Aue des Läppkes Mühlenbaches die Besiedlung möglicherweise neuer Arten und eine von einer Primärsukzession beginnenden, sich weiterentwickelnden Vegetation zulassen wird. Dies soll exemplarisch für gelungene Renaturierungen von Fließgewässern und deren Überführungen in einen möglichst naturnahen, eigendynamischen Zustand in einer postindustriellen Gesellschaft gelten. Um die weitere Entwicklung am Läppkes Mühlenbach im Rahmen des Langzeit-Monitorings zu beschreiben und künftig weitere vergleichbare Projekte an zahlreichen noch existierenden, naturfernen Fließgewässern durchzuführen, ist es von besonderer Bedeutung, diesen Standort mit seinen Böden und der künftigen Vegetation und Wasserführung weiterhin möglichst genau zu untersuchen.

Literaturverzeichnis

AG Boden (Hrsg.) (2005): Bodenkundliche Kartieranleitung. 5. Aufl., Hannover.

Blume, H.-P. (1992): Anthropogene Böden. In: Blume, H.-P. (Hrsg.): Handbuch des Bodenschutzes, 2. Aufl. Landsberg am Lech: 479-494.

Blume, H.-P. (1998): Böden. In: Sukopp, H. & Wittig, R. (Hrsg.): Stadtökologie. Ein Fachbuch für Studium und Praxis, 2. Aufl. Stuttgart: 168-185.

Burghardt, W. (1996a): Boden und Böden in der Stadt. In: AK Stadtböden (Hrsg.): Urbaner Bodenschutz. Berlin: 7-21.

Burghardt, W. (1996b): Substrate der Bodenbildung urban, gewerblich und industriell überformter Flächen. – In: AK Stadtböden (Hrsg.): Urbaner Bodenschutz. Berlin: 25-44.

Burghardt, W. (2002): Zwischen Puszta und Tropen. Böden an der Ruhr. Essener Unikate 19: 44-57.

Busch, D.; Büther, H.; Rham, H. (1998): Die Wasserqualität der Emscher: Räumliche und zeitliche Trends der Genesung. In: Herget, J.; Held, T. (Hrsg.): Fließgewässerrenaturierung. Bochum (Forum Angewandte Geographie): 57-69.

Emschergenossenschaft (Hrsg.) (2012): Läppkes Mühlenbach. Ökologische Verbesserung in Essen und Oberhausen (km 0,11 bis km 1,17). Antrag auf Plangenehmigung gemäß § 68 (2) WHG. (Heft 1) Erläuterungsbericht. Essen.

Emschergenossenschaft (Hrsg.) (2013): Vielfältig. Lebendig. Attraktiv. Das Jahrhundertprojekt Emscher-Umbau – Neue Impulse für die Stadtentwicklung. (Broschüre) Essen.

Emschergenossenschaft (Hrsg.) (2014): Daten und Fakten. (Broschüre) Essen.

Emschergenossenschaft (Hrsg.) (2015): Abwasserkanal Emscher. Emscherschnellweg unter Tage. (Broschüre) Essen

Emschergenossenschaft (Hrsg.) (2015): Der Emscher-Umbau. Fluss in Sicht. (Broschüre) Essen

Geologischer Dienst NRW (Hrsg.) (2011): Boden in Nordrhein-Westfalen. Erkunden, nutzen, erhalten. (Broschüre) Krefeld

Gilbert, O. L. (1994): Städtische Ökosysteme. Kap. 4: Böden in Stadtgebieten. Radebeul: 36-45.

Helmes, T. (Doktorarbeit 2004): Urbane Böden. Genese, Eigenschaften und räumliche Verteilungsmuster. Eine Untersuchung im Stadtgebiet Saarbrücken (Dissertation). Saarbrücken

Hiller, D. (1996): Schadstoffeinträge in urbane Böden. In: AK Stadtböden (Hrsg.): Urbaner Bodenschutz. Berlin: 45-56.

Hiller, D. (2000): Properties of Urbic Anthrosols from an abandoned shunting yard in the Ruhr area, Germany. Catena 39: 245-266.

Hiller, D. & Meuser, H. (1998): Urbane Böden. Berlin

Junghardt, S. (2013): Der Läppkes Mühlenbach – ein kleines und feines Gewässer im Emschergebiet. In: Biologische Station Westliches Ruhrgebiet e.V. (Hrsg.): Jahresberichte der Biologischen Station Westliches Ruhrgebiet. Oberhausen (Bericht für das Jahr 2012, Bd.10): 23-28.

Kasielke, T.; Buch, C. (2011): Urbane Böden im Ruhrgebiet. In: Bochumer Botanischer Verein 3(7), 67-96.

Kurth, V.; MacKenzie, M.; DeLuca, T. (2006): Estimating charcoal content in forest mineral soils. In: Geoderma 137: 135-139.

Lüderitz, V.; Jüpner, R. (2009): Renaturierung von Fließgewässern. In: Zerbe, Stefan; Wiegleb, Gerhard (Hrsg.): Renaturierung von Ökosystemen in Mitteleuropa. Berlin: 95-124.

Landesumweltamt NRW & Ministerium für Umwelt und Naturschutz, Landwirtschaft und Verbraucherschutz NRW (Hrsg.) (2000): Gewässergütebericht 2000. 30 Jahre Biologische Gewässerüberwachung in Nordrhein-Westfalen. Essen

Mekiffer, B. (2008): Eigenschaften urbaner Böden Berlins. Statistische Auswertung von Gutachtendaten und Fallbeispiele (Dissertation). Berlin

Meuser, H. (1998): Schadstoffpotential technogener Substrate in Böden urban-industrieller Verdichtungsräume. Z. Pflanzenernährung Bodenkunde 159: 621-628.

Meuser, H., Schleuss, U., Taubner, H., Wu, Q. (1998): Bodenmerkmale montan-industrieller Standorte in Essen. - Zeitschrift für Pflanzenernährung und Bodenkunde (161): 197-203.

Meuser, H. (2010): Contaminated urban soils. Dordrecht.

Netzwerk Urbane Biodiversität (Hrsg.) (o.J.): Monitoring am Läppkes Mühlenbach. (Broschüre) Essen

Otto, A. (1996): Renaturierung als Teil der ökologischen Fließgewässersanierung. Kasseler Wasserbau-Mitteilungen 6: 25–34.

Patt, H.; Jüngling, P.; Kraus, W. (1998): Naturnaher Wasserbau. Entwicklung und Gestaltung von Fließgewässern. Berlin; Heidelberg.

Reinirkens, P. (1991): Siedlungsböden im Ruhrgebiet. Bedeutung und Klassifikation im urban-industriellen Ökosystem Bochum. Bochumer Geogr. Arb. 53.

Scheffer, F. & Schachtschabel, P. (2002): Lehrbuch der Bodenkunde. 15. Auflage. Heidelberg

Uni-muenster.de (o.J.): Bodenreaktion. http://hypersoil.uni-muenster.de/0/05/11.htm [21.02.2018]

Zerbe, Stefan; Wiegleb, Gerhard (Hrsg.) (2009): Renaturierung von Ökosystemen in Mitteleuropa. Berlin.

Abbildungsverzeichnis

Tabellenverzeichnis

I want morebooks!

Buy your books fast and straightforward online - at one of world's fastest growing online book stores! Environmentally sound due to Print-on-Demand technologies.

Buy your books online at
www.morebooks.shop

Kaufen Sie Ihre Bücher schnell und unkompliziert online – auf einer der am schnellsten wachsenden Buchhandelsplattformen weltweit! Dank Print-On-Demand umwelt- und ressourcenschonend produziert.

Bücher schneller online kaufen
www.morebooks.shop

KS OmniScriptum Publishing
Brivibas gatve 197
LV-1039 Riga, Latvia
Telefax: +371 686 204 55

info@omniscriptum.com
www.omniscriptum.com

MIX
Papier aus verantwortungsvollen Quellen
Paper from responsible sources
FSC® C105338

FSC
www.fsc.org

Printed by Books on Demand GmbH, Norderstedt / Germany